BEI GRIN MACHT SICH IHR WISSEN BEZAHLT

AF150993

- Wir veröffentlichen Ihre Hausarbeit,
  Bachelor- und Masterarbeit

- Ihr eigenes eBook und Buch -
  weltweit in allen wichtigen Shops

- Verdienen Sie an jedem Verkauf

Jetzt bei www.GRIN.com hochladen
und kostenlos publizieren

GRIN ☺

Wibke Baack

Unterrichtsstunde: Charakterisiende Eigenschaften des Rechtecks und des Quadrats

Fach Mathematik - Geometrie, Klasse 5

GRIN Verlag

Bibliografische Information der Deutschen Nationalbibliothek:

Die Deutsche Bibliothek verzeichnet diese Publikation in der Deutschen National-
bibliografie; detaillierte bibliografische Daten sind im Internet über http://dnb.d-
nb.de/ abrufbar.

Dieses Werk sowie alle darin enthaltenen einzelnen Beiträge und Abbildungen
sind urheberrechtlich geschützt. Jede Verwertung, die nicht ausdrücklich vom
Urheberrechtsschutz zugelassen ist, bedarf der vorherigen Zustimmung des Verla-
ges. Das gilt insbesondere für Vervielfältigungen, Bearbeitungen, Übersetzungen,
Mikroverfilmungen, Auswertungen durch Datenbanken und für die Einspeicherung
und Verarbeitung in elektronische Systeme. Alle Rechte, auch die des auszugsweisen
Nachdrucks, der fotomechanischen Wiedergabe (einschließlich Mikrokopie) sowie
der Auswertung durch Datenbanken oder ähnliche Einrichtungen, vorbehalten.

Impressum:

Copyright © 2006 GRIN Verlag GmbH
Druck und Bindung: Books on Demand GmbH, Norderstedt Germany
ISBN: 978-3-640-45816-5

Dieses Buch bei GRIN:

http://www.grin.com/de/e-book/135067/unterrichtsstunde-charakterisiende-
eigenschaften-des-rechtecks-und-des

GRIN - Your knowledge has value

Der GRIN Verlag publiziert seit 1998 wissenschaftliche Arbeiten von Studenten, Hochschullehrern und anderen Akademikern als eBook und gedrucktes Buch. Die Verlagswebsite www.grin.com ist die ideale Plattform zur Veröffentlichung von Hausarbeiten, Abschlussarbeiten, wissenschaftlichen Aufsätzen, Dissertationen und Fachbüchern.

Besuchen Sie uns im Internet:

http://www.grin.com/

http://www.facebook.com/grincom

http://www.twitter.com/grin_com

Unterrichtsentwurf für eine Unterrichtsstunde im Fach Mathematik

Thema der Stunde:

Charakterisierende Eigenschaften des Rechtecks und des Quadrates

Datum: 05.12.2006

Fach: Mathematik

Klasse: 5c

Raum: B12

Anzahl der Schüler: 25

Uhrzeit: 12.00 – 12.45 Uhr

1. Unterrichtseinheit

Thema:

Rechtecke und Quadrate und deren innere Linien

Gliederung:

1. Stunde: Vorbegriffliches Einordnen von Rechtecken und Quadraten

2. Stunde: Charakterisierende Eigenschaften des Rechtecks und des Quadrats

3. Stunde: Zeichnen von Rechtecken und Quadraten

4. Stunde: Zerlegen von Vielecken in Rechtecke und Quadrate

5. Stunde: Innenlinien des Rechtecks und des Quadrats

6. Stunde: Übungen zu Rechtecken und Quadraten

2. Ziele

Sachstruktureller Entwicklungsstand:

Im Rahmen des Unterrichts der dritten und vierten Klasse haben die Schüler das Erkennen und Benennen von Rechtecken und Quadraten erlernt und in diesem Zusammenhang bereits die Begriffe „Viereck", „Rechteck" und „Quadrat" verwendet. Diese Bezeichnungen wurden in der vorherigen Stunde ebenso aufgegriffen wie die Thematisierung des Begriffs „Seite". Dabei wurde die Eigenschaft von konvexem Viereck – zu denen Rechteck und Quadrat gehören – genau vier Seiten zu haben, formuliert.

Die Schüler besitzen ein weitgehend unbewusstes und unstrukturiertes Vorwissen über weitere Eigenschaften von Rechtecken und Quadraten.

Aufgrund der vorangegangenen Unterrichtseinheit in Geometrie sind die Schüler mit den Begriffen „Länge", „parallel" und „senkrecht" vertraut.

Stundenziel:

Die Schüler[1] können charakterisierende Eigenschaften des Rechtecks und des Quadrats benennen.

---

[1] Der Einfachheit halber wird hier die männliche Form der Schüler verwendet. Gemeint sind jedoch Schülerinnen und Schüler.

Teillernziele:

TLZ 1 Die Schüler wissen, dass das Quadrat vier gleich lange Seiten hat sowie das Rechteck paarweise gleich lange Seiten und zeigen dies, indem sie zum Bau der Figuren aus einem Satz vorgefertigter Holzstäbchen entsprechende Stäbchen auswählen.

TLZ 2 Die Schüler entdecken die gemeinsame Eigenschaft des Rechtecks und des Quadrats, das benachbarte Seiten senkrecht zueinander stehen, und zeigen dies, indem sie aus richtig ausgewählten Holzstäbchen ein Rechteck und ein Quadrat legen.

TLZ 3 Die Schüler entdecken durch Vergleich gegenüberliegender Seiten die gemeinsame Eigenschaft des Rechtecks und des Quadrats, dass gegenüberliegende Seiten stets parallel sind, und zeigen dies, indem sie dies auf dem Plakat dokumentieren.

---

3. Sachdarstellung

Rechtecke und Quadrate sind besondere konvexe Vierecke.

Die konvexen Vierecke werden unterteilt in Trapeze, Parallelogramme, Drachenvierecke, Rechtecke, Rhomben und Quadrate. Es herrscht folgender Zusammenhang:

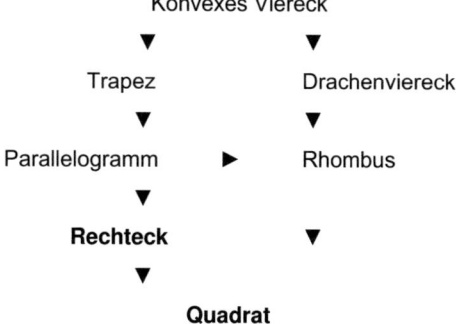

3

Ein **Rechteck** besitzt die folgenden Eigenschaften:

(1) gegenüberliegende Seiten sind gleich lang.

(2) alle benachbarten Seiten stehen senkrecht zueinander.

(3) gegenüberliegende Seiten sind parallel.

(4) die Diagonalen halbieren sich im Schnittpunkt.

(5) die beiden Diagonalen sind gleich lang.

Die Eigenschaften (1), (3) und (4) beschreiben ein Parallelogramm und bedingen sich gegenseitig, so dass mit dem Vorhandensein einer dieser Eigenschaften sofort die anderen folgen.

Eigenschaften (2) und (5) stehen ebenso in Wechselwirkung und machen das Parallelogramm zu einem Rechteck.

Das **Quadrat** ist ein Rechteck, dessen Seiten alle gleich lang sind.

Folglich wird das Quadrat einerseits als spezielles Rechteck aufgefasst und besitzt alle Eigenschaften des Rechtecks. Andererseits ist das Quadrat ein spezieller Rhombus, weil es wie ein Rhombus nur gleich lange Seiten besitzt. Es erbt vom Rhombus die zusätzliche Eigenschaft, dass die beiden Diagonalen senkrecht aufeinander stehen.

Außer der Diagonalen gibt es im Rechteck und Quadrat als Innenlinie die Mittelsenkrechte (auch: Mittellinie). Sowohl im Rechteck als auch im Quadrat stehen die Mittelsenkrechten orthogonal zueinander und halbieren sich. Im Quadrat sind sie zudem gleich lang.

4. Didaktische Überlegungen

Auswahl des Unterrichtsgegenstandes:

Im Rahmenlehrplan Mathematik werden für die Klassenstufe 5/6 unter dem Themenfeld „Form und Veränderung" die Systematisierung und Klassifizierung der Vierecke aufgeführt.

Didaktisch-methodische Entscheidungen:

Im **Einstieg** erfolgt zunächst an der Tafel das Zuordnen von Quadraten, Rechtecken und konvexen Vierecken[2] zu den dazugehörigen Begriffskarten. Dadurch werden für die Stunde relevante Begriffe wiederholt und die sprachliche Ebene visuell unterstützt. Anschließend wird die Gemeinsamkeit von Vierecken, Rechtecken und Quadraten, jeweils vier Seiten zu haben, herausgehoben. Hierdurch soll eine Lenkung auf die Problemstellung der heutigen Stunde, Eigenschaften von Rechtecken und Quadraten zu finden, die diese von anderen Vierecken abgrenzen, erfolgen. Anhand der Quadrate, Rechtecke und konvexen Vierecke können die Schüler optisch überprüfen, dass die gemeinsame Eigenschaft vier Seiten zu haben, ungenügend zum Beschreiben eines Quadrates oder Rechteckes ist.

Die **erste Erarbeitungsphase** dient der Lösung des Problems und findet in Zweier- bzw. Dreiergruppen statt, die leistungshomogen zusammengesetzt werden.
In der Gruppenarbeit sollen die Schüler aus einer vorgegebenen Anzahl von vorgefertigten Holzstäbchen mit bestimmten Längen jeweils ein Rechteck, ein Quadrat und ein Viereck legen und anschließend mindestens eine Eigenschaft des Rechtecks und eine des Quadrats formulieren.
Die Längen der Holzstäbchen wurden dabei so gewählt, dass ein Viereck sowie ein Rechteck[3] neben einem Quadrat entstehen. Obwohl es in dieser Stunde nur um Rechtecke und Quadrate geht, soll auch ein Viereck gelegt werden, damit den Schülern durch den Vergleich der drei gelegten Figuren die Wahrnehmung der charakteristischen Eigenschaften von Rechtecken und Quadraten erleichtert wird.

Es gibt drei verschiedene Sätze von Holzstäbchen, die sich sowohl in der Anzahl der Stäbchen als auch in der Anzahl der jeweils gleich langen Holzstäbchen unterscheiden. Dadurch wird ein unterschiedlicher Schwierigkeitsgrad bei der Konstruktion der geforderten Figuren erzeugt.
An die leistungsschwachen Gruppen wird ein Satz von Holzstäbchen ausgeteilt, das je sechs (vier für das Quadrat, zwei für das Rechteck) und zwei (für das Rechteck) gleich lange Holzstäbchen sowie zusätzlich vier Holzstäbchen unterschiedlicher Länge beinhaltet. Hierdurch können die Schüler nicht auf die Schwierigkeit stoßen,

---

[2] In der Unterrichtsstunde werden die konvexen Vierecke stets so gewählt, dass sie weder Parallelogramme noch Rhomben sind.
[3] Das Rechteck ist hierbei kein Quadrat.

ein Rechteck zu legen, bei dem sie fälschlicherweise zwei Seiten des Quadrates verwendeten. Es gibt nur eine Gestaltungsmöglichkeit für das Rechteck.

An die Gruppen mittleren Leistungsniveaus wird ein Satz von Holzstäbchen ausgegeben, das je vier (für das Quadrat) und zweimal zwei (für das Rechteck) gleich lange Holzstäbchen sowie vier verschieden lange Holzstäbchen enthält. Weil es nun mehrere Möglichkeiten für die Konstruktion des Rechtecks gibt, aber nur eine auch das Legen des Quadrates zulässt, ist das Legen der geforderten Figuren erschwert.

Besonders leistungsstarke Gruppen erhalten einen Satz aus vierzehn Holzstäbchen, d.h., es gibt mehr Stäbchen als Seiten, die Viereck, Rechteck und Quadrat insgesamt beinhalten. Dennoch müssen die Schüler alle Holzstäbchen beim Legen von Viereck, Rechteck und Quadrat verwenden, da jeweils eine Seite vom Quadrat und vom Rechteck aus zwei Holzstäbchen gebildet werden muss. Die Mitglieder leistungsstarker Gruppen müssen somit im Besonderen verinnerlicht haben, dass Quadrate aus vier gleich langen Seiten bestehen und, dass die gegenüberliegenden Seiten im Rechteck gleich lang sind.

Alle Gruppen arbeiten zunächst auf der enaktiven bzw. ikonischen Ebene (Bruner).

In der **zweiten Erarbeitungsphase** besprechen zwei Gruppen ihre Arbeitsergebnisse. Durch die große Anzahl von Gruppen, würde die Präsentation aller Arbeitsergebnisse zu viel Zeit beanspruchen. Daher besprechen jeweils zwei Gruppen vorab ihre Ergebnisse.
Hierdurch halbiert sich die Anzahl der zu präsentierenden Plakate, aber dennoch kann sich jede Gruppe bei der Sicherung der Arbeitsergebnisse mit einbringen.

In der **Auswertungsphase** geht es um das Zusammentragen der Eigenschaften von Rechtecken und Quadraten, indem ausgewählte Schüler zweier Arbeitsgruppen, die in der zweiten Erarbeitungsphase zusammenarbeiteten, eines ihrer Gruppenplakate vorstellen und erläutern.
Ich vermute von den Schülern bei der Erläuterung der Plakate eher die Verwendung der Formulierung „die benachbarten Seiten stehen senkrecht zueinander" als die Verwendung des Begriffs des „rechten Winkels", da ihnen der Begriff „senkrecht" aus

der vorangegangenen Unterrichtseinheit in Geometrie vertraut ist. In diesem Fall, werden die Schüler dazu aufgefordert den Winkel, den benachbarte Seiten einschließen, zu beschreiben. Hierdurch sollen sich die Schüler an den ihnen schon länger bekannten Begriff des „rechten Winkels" erinnern.

Didaktische Reduktion:

In dieser Stunde geht es nur um die Eigenschaften des Rechtecks und des Quadrats bezogen auf die Lage der Seiten zueinander und die Seitenlängen.

Die Einführung der Begriffe „Diagonale" und „Mittellinie" sowie die Erarbeitung der entsprechenden Eigenschaften im Rechteck und Quadrat erfolgt erst in der 5.Stunde.

5. Verlaufsplanung

Zeit	Phase	Unterrichtsverlauf		Medien	Sozial- und Aktionsform
		Lehrer	**Schüler**		
12.00 bis 12.10	Einstieg/ Hinführung	L. begrüßt die Gäste und die Schüler.	S. grüßen zurück.	Tafel, verschiedene Quadrate, Rechtecke und allgem. Vierecke, Begriffskarten	Frontal, Vortrag der Schüler
		L. fordert S. auf, die Quadrate, Rechtecke und Vierecke den entsprechenden Begriffskarten zu zuordnen.	S. ordnen zu und wiederholen dabei Wichtiges der letzten Stunde.		
		L. fordert S. auf zu erklären, warum die Eigenschaft des Rechtecks, vier Seiten zu haben, nicht ausreicht, um es zu beschreiben.	S. erinnern sich an die in der letzten Stunde festgestellte Gemeinsamkeit von Quadrat, Rechteck und Viereck, vier Seiten zu haben.		Unterrichtsgespräch
			S. erkennen, dass zum Beschreiben eines Rechtecks weitere Eigenschaften des Rechtecks benötigt werden.		
		L. erläutert das Ziel dieser Stunde, weitere Eigenschaften des Rechtecks und des Quadrats zu finden. L. formuliert die beabsichtigten Arbeitsschritte.			Lehrervortrag
12.10 bis 12.27	1.Erarbeitungs-phase	L. berät und hilft den Gruppen.	S. bearbeiten den Arbeitsauftrag in ihrer Gruppe. Sie legen aus einem vorgegebenen Satz von Holzstäbchen jeweils ein Quadrat, ein Rechteck und ein Viereck. S. finden Eigenschaften von Quadraten und Rechtecken.	Holzstäbchen, Plakate, Rechtecke, Quadrate, Klebe, Stifte	Gruppenarbeit
12.27 bis 12.35	2.Erarbeitungs-phase	L. hilft, berät und beschließt die Reihenfolge der Gruppenpräsentation.	Jeweils zwei Gruppen besprechen ihre Arbeitsergebnisse und fügen ggf. Ergänzungen hinzu. Sie einigen sich, welches Plakat zu Präsentation verwendet werden soll und welche zwei Gruppenmitglieder die Arbeitsergebnisse vorstellen	Plakate mit Arbeitsergebnissen	Gruppenarbeit
12.35 bis 12.45	Sicherung	L. greift Fragestellung auf und bittet nacheinander Repräsentanten der Gruppen nach vorne.	S. stellen Arbeitsergebnisse vor.	Tafel, Plakate, Magnete	Frontal, Schülervortrag

8

6. Literatur

(1) Bronstein, Semendjajew, Musiol, Mühlig: „Taschenbuch der Mathematik", Harri Deutsch Verlag, Thun und Frankfurt am Main 1997

(2) Krewer, Reelfs, Tiedt, Wilke: „Mathematik 5", Westermann Verlag, Braunschweig 2000

(3) Senatsverwaltung für Bildung, Wissenschaft und Forschung: „Rahmenlehrplan Grundschule Mathematik", Wissenschaft und Technik Verlag, Berlin 2004

8. Anhang

Tafelbild am Anfang der Einstiegsphase:

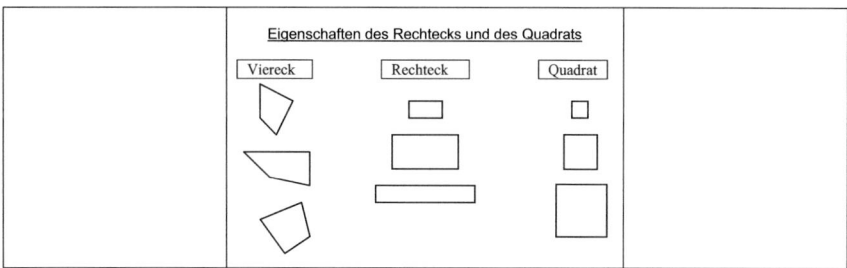

Tafelbild nach der Einstiegsphase:

Tafelbild nach der Präsentation:

Eigenschaften von Quadraten und von Rechtecken

*(Gruppen-
plakate)*

Leicht:

Eigenschaften des Rechtecks und des Quadrats

1. **Legt aus** den zwölf **Holzstäbchen** ein Quadrat, ein Rechteck und ein Viereck.

2. **Findet** je zwei **Eigenschaften des Rechtecks** und **des Quadrats:**
   - betrachtet dazu die Länge der Seiten
   - betrachtet die Lage der benachbarten und gegenüberliegenden Seiten (Findet den Unterschied zum Viereck!)

3. **Stellt** eure **Ergebnisse** auf einem Plakat **dar:**
   - Ein Rechteck und ein Quadrat vom Lehrertisch holen und aufkleben.
   - Schreibt jeweils die Eigenschaften hinzu.

Mittel:

Eigenschaften des Rechtecks und des Quadrats

1. **Legt aus** den zwölf **Holzstäbchen** ein Quadrat, ein Rechteck und ein Viereck.

2. **Findet** je drei **Eigenschaften des Rechtecks** und **des Quadrats:**
   - betrachtet dazu die Länge der Seiten
   - betrachtet die Lage der benachbarten und gegenüberliegenden Seiten (Findet den Unterschied zum Viereck!)

3. **Stellt** eure **Ergebnisse** auf einem Plakat **dar:**
   - Ein Rechteck und ein Quadrat vom Lehrertisch holen und aufkleben.
   - Schreibt jeweils die Eigenschaften hinzu.

Schwer:

EIGENSCHAFTEN DES RECHTECKS UND DES QUADRATS

1. **Legt aus** allen 14 **Holzstäbchen** ein Quadrat, ein Rechteck und ein Viereck.

2. **Findet** je drei **Eigenschaften des Rechtecks des Quadrats.**
   - betrachtet dazu die Länge der Seiten
   - betrachtet die Lage der benachbarten und gegenüberliegenden Seiten (Findet den Unterschied zum Viereck!)

3. **Stellt** eure **Ergebnisse** auf einem Plakat **dar:**
   - Ein Rechteck und ein Quadrat vom Lehrertisch holen und aufkleben.
   - Schreibt jeweils die Eigenschaften hinzu.